小小牛顿 科学启蒙
大百科

我会帮忙做家务

牛顿出版股份有限公司 / 编著

U0177463

超酷的
科学实验

外语教学与研究出版社
北京

我会帮忙做家务

阿宝哥和奇奇、小问来到幼儿园和小朋友一起上课，
小朋友们都开心地对阿宝哥说：

"我会自己吃饭。"

"我会自己穿衣服。"

"我会自己上厕所。"

阿宝哥笑着说："你们会帮忙做家务吗？"

小朋友们都举手：

"我会做家务！"

你们会照顾自己真的很棒，但是，你们会帮忙做家务吗？

小函说："我会叠衣服。"

衣服该怎么叠呢？其实，叠衣服就像折纸一样，都是先把衣服摊平再折。

叠上衣时，先把上衣袖子叠到中间，再上下对折。叠长裤时，先让裤脚左右重叠，再对折。叠袜子时，两只袜子重叠放好，卷成拳头大，然后用其中一只包住另一只，翻成袜子球。

衣服边叠边分类，收到衣柜里时，就很方便了。

小杰说："吃饭前我会帮忙准备碗筷。"

碗筷怎么准备呢？先数数今天有几个人一起吃饭，总共需要几份餐具。每人一份餐具，摆在他的座位前。碗摞在一起，先别分，等盛完饭，再分给每个人。

小芳说："我最乖，我会把饭菜都吃得干干净净，一点也不剩。"

小芳说："吃完饭，我会帮忙把碗筷收到厨房哦！"
碗筷怎么收？把饭菜残渣收集起来，丢进厨余垃圾桶；
碗、筷和汤勺分好类，轻轻放进水槽，然后开始清洗。

安安说："我会整理鞋子。"

鞋子怎么整理？在家里穿的鞋和出门穿的鞋要分开放。鞋子一双一双排整齐，再一起放进鞋柜里。摆在鞋柜外的鞋子，也得靠边放好。

妮妮说："我会收拾自己的房间。"

房间怎么收拾呢？用过的东西，立刻收回原位；

经常清理不需要的东西；要用抹布把桌、椅、柜子上的灰尘都擦干净。

丁丁说："我会扫地。"
该怎么扫地呢？从角落开始，而且是往同一个方向扫，把垃圾集中扫到一个地方，再把垃圾扫进簸箕里。

皮皮说："我会用吸尘器。"

吸尘器该怎么用？用手把大垃圾捡起来扔进垃圾桶，再用吸尘器把地上的小垃圾和灰尘吸干净。使用吸尘器也要从角落开始吸，一块地板一块地板地吸，最后把吸尘器清理干净就可以了。

我会用电饭锅熬粥。

● 先量1杯米，放入锅里洗好后，把水沥掉，然后倒入6杯水，盖上盖，打开电饭锅开关。30分钟后，就做好啦！

我会自己烤面包。

● 在面包片上涂好黄油，放入烤箱，打开开关，5分钟后就能吃啦！

我会蒸鸡蛋羹。

● 两个鸡蛋加150毫升左右的水，放进一点盐，鸡蛋打散、打均匀之后，放入微波炉，低火加热4分钟就可以啦！

康康说："我会叠被子。"

被子怎么叠？叠被子就像折纸一样，先对折，再对折。
叠好的被子和枕头，一起整整齐齐地叠放在床头。

叠被子的方法：

我也是从小开始学着做家务。刚开始做家务时，我做了一张表格，记录下每天都做了哪些事情。你们也可以做表格记录，一起来试试看！

	星期一	星期二	星期三	星期四

20

小朋友们，你们也可以在简单的家务劳动中，学习自己照顾自己，同时还可以为父母减轻一些负担，这样他们也就有更多的时间陪你们看书、做游戏了。

星期五	星期六	星期日

给父母的悄悄话：

家务是每一个家庭成员都理应承担的任务，并不是父母理所应当要全部承担的。家务中有一些力所能及的小事，还是要让孩子参与其中，毕竟能力也要通过实践慢慢培养。此外，能不能坚持做、自觉做，也很重要。家长可以带着孩子一起，有效利用表格，互相监督，培养良好的习惯，并设定阶段性的奖励，鼓励孩子坚持下去。

吸管吹笛

不用的吸管也能变成乐器哦！将吸管剪成不同的长度，吹出的声音就不一样，让我们一起试试看，做一个吸管吹笛吧！

22

做法：

1. 用厚纸板剪一个直角梯形。

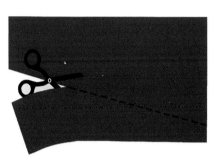

2. 把吸管剪成一段一段不同的长度。

3. 按照长短顺序把吸管排列在厚纸板上，用胶带粘牢。

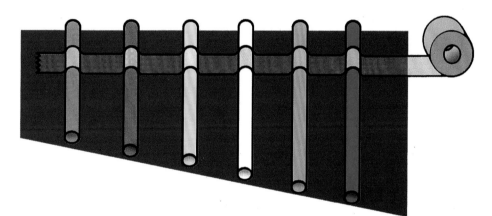

对着吸管口吹气，每根吸管都会吹出不同的声音！

给父母的悄悄话：

声音是物体振动所产生的声波，它通过空气传播之后就可以被我们听到。不同长度的吸管里会有不同长度的空气柱，空气柱的长短决定了振动时的频率，而频率则影响着最终发出声音的高低。这就是为什么不同长度的吸管吹出来的声音也不一样。

地底下的土豆

我们常吃的很多水果或者蔬菜，一般都是生长在树上，或者长在地表。但土豆就比较特殊，我们吃的那部分生长在地底下，它是植物的块茎，而非果实。

1. 从土豆上切下带有两到三个芽眼的土豆块，埋到比较松软的土壤中。

2. 土豆块会慢慢发芽，上面长出叶子，下面生出根，长出更多的块茎。

3. 随着植株的生长，块茎也会储存越来越多的营养，变得越来越大。

一棵土豆植株大概可以长出将近20颗土豆来。

挖开土，才找得到我！

25

土豆上有很多芽眼，可长出小芽。种植土豆的时候，只要将带有芽眼的土豆块埋在土里，就可以长出小芽。每一块带着芽眼的土豆块，都可以长成一棵完整的植株。

芽眼

一颗土豆上有许多芽眼，每个芽眼都可以发芽。

土豆花的颜色除了常见的白色，还有紫色、粉红色。

等到土豆开出漂亮的花后，地底下的土豆块茎就会越长越大，储存越来越多的营养。等到秋天，就可以把它们从地下挖出来啦！

胖嘟嘟的土豆里储藏了很多营养，为土豆发芽提供了所需要的养分。

土豆营养丰富，很多国家和地区都会把土豆视为主食，就好像米饭或者面食一样。不过对大部分亚洲人来说，土豆还是被视为蔬菜。

土豆含有丰富的维生素和钙，以及大量的淀粉，可以为人体提供身体所需的能量。它还有很多膳食纤维，有助于促进肠道蠕动。

烤土豆

土豆泥

土豆有丰富的营养，
是我们餐桌上常见的
菜肴。

土豆浓汤

土豆炖鸡

我有大量的淀粉，还有
蛋白质、维生素和矿物
质，好吃又有营养。

29

牛顿

牛顿是英国一位伟大的科学家，他从小就很有好奇心，也很爱发明小东西。有一天，他一大早就到树下画画。

咦？树影怎么跑了呢？

啊！影子又动了。

原来，从早上到下午，树的影子会不停地变换位置。

于是，牛顿利用影子移动的原理，做了一个日晷。

牛顿，吃饭了！

今天吃饭比平时要早哦！

你怎么知道？

你看，我在这个日晷上标上了刻度，今天太阳的影子落下的地方要比昨天靠前一些。

哇，牛顿，你真聪明！

有一次，牛顿做了一架风车，送给药店老板。

咦？那是什么？

那是风车，利用风来转动，就是那个叫牛顿的孩子做的。

可现在没风了，为什么还会转呢？

啊！难道是魔法风车？

不是魔法，是用小老鼠的力量来转动的。

有风的时候，风车可以靠风来转动，没风的时候靠老鼠来推动，所以风车会不停地旋转。

唉！到底还要跑多久？

牛顿长大后，更喜欢读书和进行研究。

为什么月亮会绕着地球转呢？

为什么苹果不往上飞，而是往下掉呢？

难道说地球有一种什么力量，可以把苹果拉下来吗？

没错！一定是这样，要不然地球是圆的，人怎么能站在上面而不掉下去呢？

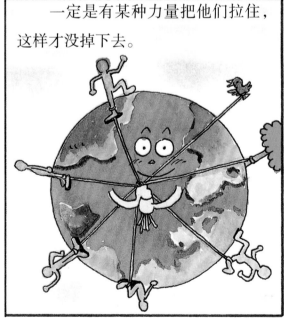

一定是有某种力量把他们拉住，这样才没掉下去。

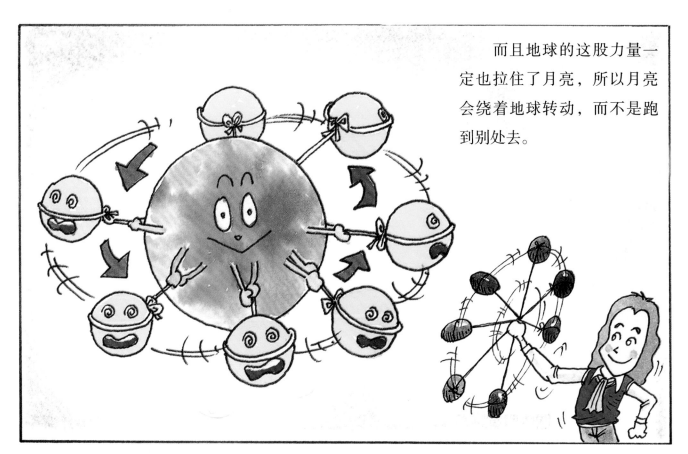

而且地球的这股力量一定也拉住了月亮，所以月亮会绕着地球转动，而不是跑到别处去。

牛顿发现的这个"看不见的拉力"，称为"万有引力"。"地心引力"也是"万有引力"的一种，正是因为地心引力的存在，我们才能够被地球牢牢拉住，没有飘到外太空去。

小猪又忘了

　　小猪的记性很不好，常常忘了自己说过的话、做过的事。今天它打电话给小狗，跟小狗说："小狗，请你送两袋面粉到我的蛋糕店来。"

　　可是，当小狗把面粉送来时，小猪却问道："还有两箱鸡蛋呢？"

　　"你只订了面粉，没说要送鸡蛋呀！"

　　小猪抓抓头说："我没说要送鸡蛋吗？"

　　"对呀！好啦，我等一下再帮你送鸡蛋来！"

　　"对不起，还要麻烦你再送一次。"

　　"没关系。下次请你先想好要买哪些东西，再叫我送货，好吗？"

　　"好，下次我一定不会忘记。"

　　可惜，小猪只是说说而已，它从来不用心记。

过了几天，小兔子给小猪打电话，向它订了给兔爷爷的生日蛋糕。小兔子在电话中不停地提醒小猪："你一定要在晚上7点半以前，把胡萝卜蛋糕送过来哦！"小猪很有信心地说："你放心，没问题！"

可是，兔爷爷生日那天，大家一直等到晚上10点，兔爷爷都睡着了，小猪才匆匆忙忙地把蛋糕送来。

"对不起！我……我记错时间了！"

小兔子很生气，根本不想收蛋糕。

"兔子，对不起，下次我一定会记住的，我一定要改掉老是忘事的坏习惯。"

　　小猪生日那天，一大早就收到了一封信，信上写着："请9点钟到大树下，有惊喜等着你。"小猪开心地想着："一定是朋友们要为我庆祝生日，我得好好打扮一下！"

　　小猪换上了漂亮的衣服，又想：对了，我要买一些水果，带去和大家一起庆祝。小猪东买西买，完全没注意时间。

　　朋友们在大树下等着、等着，都已经11点了，大家不耐烦地问："小猪到底来不来呀？"

　　送信的小狗为难地说："我也不知道，我打电话去问问吧！"

小猪一到大树下："啊，怎么一个人都没有？对了，大家一定是躲起来了，它们想吓吓我，我来找找看。"

小猪找来找去，还大声地说："我来了，大家快出来，要不然我要回家喽！"小猪找了很久都找不到朋友们。

"大家都上哪儿去了呢？"小猪一看表，才发现已经12点了。

"已经这么晚啦！大家一定都回去了。唉，都怪我不好，没有准时到。"小猪很懊恼，心里难过极了。

小猪难过地走回家，一打开门，就听到："小猪生日快乐！"

"啊，原来大家都在这里！"

小猪挠挠头说："难道我又记错地点了吗？生日会不是在大树下举行吗？"

"小猪，你没记错地点，但是你记错时间了，打电话你也没有接，所以我们才到你家来找你。没想到你也不在家。那我们干脆就在这里等你啦！"

小猪又是惭愧又是感动地边哭边说："我……我下次一定会好好记住的。"

这时候，小兔子拿出送给小猪的笔记本说道："说记得，不一定会真的记得，还是记在笔记本里吧！"

鸡怎么喝水?

① 用尖尖的喙吸。

② 用喙舀水,再仰头吞下。

③ 靠舌头舀起来喝。

鸡的喙比较硬,也不是管状的,所以无法吸水。它们会一点一点用喙舀水,然后仰头让水滑进肚子里。